Geheimnisse für die erfolgreiche Hühnerhaltung im Garten 2024

Aktualisiert und erweitert, Ihre umfassende Ressource zur Hühnerhaltung

Arthur N. Robinson

Urheberrecht ©2024, Arthur N. Robinson
Alle Rechte vorbehalten.
Kein Teil dieses Buches darf ohne schriftliche Genehmigung des Herausgebers oder Autors in irgendeiner Form reproduziert werden, außer im Rahmen des US-amerikanischen Urheberrechtsgesetzes.

Inhaltsverzeichnis

Teil 1: Erste Schritte mit Hühnern im Garten

Einführung

Kapitel 1: Ist die Hühnerhaltung das Richtige für Sie? (Unter Berücksichtigung von Lebensstil, Rechtmäßigkeit und Erwartungen)

Kapitel 2: Planung Ihrer Herde: Größe, Rassen (Legehennen, Masthühner, Zweinutzungshühner) und Alter (Küken, Junghennen)

Kapitel 3:
Hühnerstallträume: Design, Konstruktionsüberlegungen (Sicherheit, Belüftung, Platz) und wichtige Ausrüstung (Futterspender, Tränken, Nistkästen)

Kapitel 4: Ein Hühnerparadies schaffen: Spaß im Auslauf (Umzäunung, Schutz vor Raubtieren) und die freie Natur (Freilandhaltung vs. Eingesperrtsein)

Teil 2: So halten Sie Ihre Herde glücklich und gesund

Kapitel 5: Grundlagen der Hühnerfütterung: Hühnerernährung (Handelsübliches Futter, Ergänzungsmittel, Futterkörner, Küchenabfälle) und wichtige Informationen zur Tränkung

Kapitel 6: Pflege und Wartung des Hühnerstalls: Reinigungspläne, Einstreuoptionen und Raubtiere fernhalten

Kapitel 7: So halten Sie Ihre Hühner gesund: Häufige Beschwerden, vorbeugende Maßnahmen und grundlegende Erste Hilfe

Kapitel 8: Die wunderbare Welt der Eier: Eier sammeln, lagern, Eierqualität und Farbvariationen verstehen

Teil 3: Über die Grundlagen hinaus

Kapitel 9: Umweltfreundlicher Hühnerstall: Kompostierung von Hühnermist, nachhaltige Praktiken und umweltfreundliches Hühnerstalldesign

Kapitel 10: Küken aufziehen: Grundlagen der Bruttechnik, Kükenpflege und Integration in die Herde

Kapitel 11: Wintersorgen? So halten Sie Ihre Hühner in den kälteren Monaten warm und glücklich

Kapitel 12: Häufig gestellte Fragen zur Hühnerhaltung im Garten: Eier-native Antworten auf häufig gestellte Fragen

Teil 4: Bonus!

Kapitel 13: Mehr als nur Eier: Verarbeitung von Geflügelfleisch für den Eigenverbrauch (Grundlagen der Metzgerei, rechtliche Aspekte)

Kapitel 14: Aufbau einer Hühner-Community im Hinterhof: Lokale Clubs, Online-Ressourcen und die Freuden des Teilens Ihrer Herde

Abschluss

Teil 1
Erste Schritte mit Hühnern im Garten

Einführung

Stellen Sie sich vor, Sie sammeln jeden Morgen frische Eier, haben einen malerischen Hühnerstall in Ihrem Garten und Hühner, die zufrieden gackern, während sie durch Ihren Garten streifen. Das sind die Freuden der Haltung Ihrer eigenen Hühner im Garten. Aber wie fangen Sie an? Egal, ob Sie ein erfahrener Hühnerhalter oder ein neugieriger Anfänger sind, „Geheimnisse für die Aufzucht erfolgreicher Hühner im Garten 2024: Aktualisiert und erweitert" ist Ihr ultimativer Leitfaden, um Ihre Traumherde Wirklichkeit werden zu lassen.

Dieser umfassende Leitfaden wurde aktualisiert und berücksichtigt nun die neuesten Trends und bewährten Praktiken bei der Hühnerhaltung im eigenen Garten. Wir decken jeden Aspekt der Reise ab, von der Auswahl der idealen Rassen für Ihre Bedürfnisse bis zum Bau eines sicheren und komfortablen Hühnerstalls. Sie erhalten wichtige Ratschläge, wie Sie Ihren Hühnern eine nahrhafte Ernährung geben, ihre Gesundheit und ihr Glück sicherstellen und köstliche, selbst gezüchtete Eier einsammeln.

Diese Ausgabe geht über die Grundlagen hinaus und untersucht:

Innovative Hühnerstalldesigns: Entdecken Sie funktionale und stilvolle Hühnerstalloptionen, die auf Ihren Platz und Ihr Budget zugeschnitten sind.

Biosicherheitsmaßnahmen: Erfahren Sie, wie Sie Ihre Herde vor Krankheiten und Raubtieren schützen.

Nachhaltige Hühnerhaltung: Entdecken Sie umweltfreundliche Praktiken, um Ihren ökologischen Fußabdruck zu minimieren.

Lösungen für häufige Probleme: Finden Sie wirksame Strategien für Herausforderungen wie Federpicken und Mauser.

„Geheimnisse für die erfolgreiche Hühnerhaltung im Garten im Jahr 2024" ist Ihr zuverlässiger Partner auf dieser erfüllenden Reise. Wir helfen Ihnen dabei, einen florierenden Hühnerstall zu schaffen, die Gesellschaft Ihrer Hühner zu genießen und von frischen, selbst gezüchteten Eiern zu profitieren – und fördern gleichzeitig die Verbindung zur Natur und ein nachhaltiges Leben.

Bei der Hühnerhaltung im Garten geht es nicht nur darum, Eier zu sammeln (obwohl frische Eier natürlich ein großer Vorteil sind!). Es geht darum, Ihrem Garten einen Hauch von ländlichem Charme zu verleihen. Ihren Hühnern beim Stolzieren, Putzen und Staubbaden zuzusehen, ist eine überraschend wohltuende Art zu entspannen. Ihr sanftes Gackern und

Futtersuchen bringt Leben und Ruhe in Ihren Außenbereich.

Hühner im Garten sind außerdem relativ pflegeleichte Haustiere. Im Gegensatz zu Hunden oder Katzen benötigen sie nur minimales Training und sind relativ unabhängig. Sie bieten außerdem eine natürliche Schädlingsbekämpfung, indem sie gerne Insekten und Larven fressen, die sonst Ihrem Garten schaden könnten. Ihr Kot wird, wenn er richtig kompostiert wird, zu nährstoffreichem Dünger für Ihre Pflanzen und schafft so einen positiven Kreislauf für Ihren Hühnerstall und Ihren Garten.

Diese aktualisierte Ausgabe von „Geheimnisse für die erfolgreiche Hühnerhaltung im Garten" spiegelt das wachsende Interesse an urbaner Selbstversorgung und nachhaltigem Leben wider. Da das Bewusstsein für Lebensmittelsicherheit und Umweltauswirkungen steigt, vermittelt die Hühnerhaltung ein Gefühl der Selbstständigkeit und eine Verbindung zu Ihrer Nahrungsquelle. Es ist eine lohnende Möglichkeit, nachhaltiger zu leben und gleichzeitig die Gesellschaft Ihrer gefiederten Freunde zu genießen.

Tauchen Sie ein in „Geheimnisse für die erfolgreiche Hühnerhaltung im Garten 2024" und entdecken Sie die Freuden und praktischen Aspekte der Hühnerhaltung im eigenen Garten. Wir vermitteln Ihnen das Wissen und das Selbstvertrauen, um sich auf dieses spannende Abenteuer einzulassen!

Kapitel eins
Ist Hühnerhaltung das Richtige für Sie? Lebensstil, rechtliche Aspekte und Erwartungen

Der Reiz frischer, selbst gezüchteter Eier und eines malerischen Hühnerstalls voller munterer Hühner ist sicherlich verlockend. Bevor Sie sich jedoch in die Welt der Hühnerhaltung im Hinterhof stürzen, sollten Sie Ihren Lebensstil, die örtlichen Gesetze und Ihre realistischen Erwartungen berücksichtigen. Dieser Leitfaden hilft Ihnen dabei, herauszufinden, ob die Hühnerhaltung die richtige Wahl für Sie ist.

Bewerten Sie Ihren Lebensstil

Platzbedarf: Hühner brauchen einen sicheren Stall und einen geräumigen Bereich zum Herumlaufen und Futtersuchen. Bewerten Sie den verfügbaren Platz, um sicherzustellen, dass er einen komfortablen Wohnbereich und einen bewegungsfreundlichen Auslauf bietet.

Zeitaufwand: Zu den täglichen Aufgaben gehören Füttern, Reinigen des Stalls und Einsammeln der Eier. Überlegen Sie, ob Sie diesen Aufgaben regelmäßig Zeit widmen können, und überprüfen Sie regelmäßig die Gesundheit und Sicherheit Ihrer Hühner.

Lärm und Gerüche: Hühner sind zwar liebenswert, können aber ziemlich laut sein. Hähne krähen und Hennen gackern und schnattern. Darüber hinaus ist es notwendig, den Mist zu kontrollieren, um Gerüche zu kontrollieren. Denken Sie darüber nach, wie sich dies auf Ihre Nachbarn und Ihre Nähe zu anderen Häusern auswirken könnte.

Rechtliche Aspekte verstehen

Örtliche Vorschriften: In vielen Gemeinden gelten spezielle Vorschriften für Hühnerhaltung im Garten, wie z. B. eine Begrenzung der Hühnerzahl, Anforderungen an die Stallgröße und Beschränkungen für Hähne. Informieren Sie sich gründlich über die örtlichen Vorschriften, bevor Sie sich Hühner anschaffen.

HOA-Regeln: Wenn Sie in einer von einer Homeowners Association (HOA) verwalteten Gemeinschaft leben, überprüfen Sie deren Regeln bezüglich Hühnerhaltung im Hinterhof. Bei Nichteinhaltung können Geldbußen oder andere Strafen verhängt werden.

Realistische Erwartungen setzen

Eierproduktion: Frische Eier sind zwar ein großer Vorteil, aber erwarten Sie keine kontinuierliche Versorgung. Hühner sind in den ersten paar Jahren am produktivsten, wobei die Eierproduktion mit der Zeit abnimmt. Während der Mauserzeit können sie auch aufhören zu legen.

Laufende Wartung: Ein sauberer und gesunder Stall ist für das Wohlbefinden Ihrer Hühner von entscheidender Bedeutung. Dazu gehört die regelmäßige Reinigung von Einstreu, Kot und Futtertrögen. Stellen Sie sich auf den laufenden Aufwand ein, der erforderlich ist, um den Stall in gutem Zustand zu halten.

Schutz vor Raubtieren: Hühner sind anfällig für verschiedene Raubtiere. Um ihre Sicherheit zu gewährleisten, muss ein sicherer

Stall mit einem Raubtierschutzzaun gebaut werden.

Über die Grundlagen hinausgehend

Hühnerzucht erfordert Engagement, aber die Belohnungen sind zahlreich. Von der Freude an frischen Eiern über die natürliche Schädlingsbekämpfung bis hin zur einfachen Freude an der Pflege dieser faszinierenden Vögel sind die Vorteile beträchtlich. Dieser Leitfaden dient als Ausgangspunkt.

Wenn Sie Ihren Lebensstil sorgfältig berücksichtigen, die örtlichen Gesetze verstehen und realistische Erwartungen setzen, können Sie eine fundierte Entscheidung über die Hühnerhaltung treffen. Sollten Sie sich dafür entscheiden, weiterzumachen, vermitteln Ihnen Ressourcen wie „Geheimnisse für die erfolgreiche Hühnerhaltung im Hinterhof 2024" das nötige Wissen und Selbstvertrauen, um einen florierenden Hühnerstall zu gründen und die Freuden der Hühnerhaltung im Hinterhof zu erleben.

Kapitel Zwei
Planung Ihrer Hühnerherde: Größe, Rassen und Alter – Stellen Sie Ihr Traumteam für Hühner im Garten zusammen

Nachdem Sie sich nun entschieden haben, die lohnende Herausforderung anzunehmen, Hühner im eigenen Garten zu halten, ist es an der Zeit, Ihre Hühnerherde zu planen. Dazu gehört, die ideale Größe zu ermitteln, die richtigen Rassen auszuwählen und das geeignete Alter für Ihre Hühner festzulegen.

Bestimmen Sie die Größe Ihrer Herde

Mehrere Faktoren beeinflussen die optimale Größe Ihrer Herde:

Verfügbarer Platz: Ihr Hühnerstall und Auslauf sollten genug Platz für alle Ihre Hühner bieten. Überbelegung kann Stress, Krankheiten und aggressives Verhalten verursachen. Planen Sie im Allgemeinen 4 Quadratfuß pro Huhn im Hühnerstall und 8-10 Quadratfuß pro Huhn im Auslauf ein.

Eierbedarf: Wenn Ihr Hauptziel darin besteht, frische Eier zu haben, überlegen Sie, wie viele Eier eine Henne normalerweise pro Woche legt (etwa 4-6). Schätzen Sie den wöchentlichen Eierverbrauch Ihrer Familie, um die Anzahl der Hühner zu bestimmen, die Sie benötigen.

Lokale Vorschriften: In vielen Gemeinden ist die Anzahl der Hühner, die Sie halten dürfen, begrenzt. Informieren Sie sich immer über die örtlichen Gesetze, bevor Sie sich Hühner anschaffen.

Die richtigen Rassen auswählen

Wenn Sie wissen, wie viele Hühner Sie halten können, ist es an der Zeit, Ihre Rassen auszuwählen.

Hier sind die Hauptkategorien

Legehennen: Diese Rassen sind für ihre hohe Eierproduktion bekannt. Beliebte Rassen sind Rhode Island Reds, Leghorns und Australorps. Sie sind in der Regel kleinere Vögel mit einem freundlichen Wesen und mäßigem Platzbedarf.

Diese Rassen werden für die Fleischproduktion gezüchtet und wachsen schnell auf eine für den

Verzehr geeignete Größe heran. Häufige Wahl sind Cornish Cross und Jersey Giants. Beachten Sie, dass Masthühner keine guten Eierleger sind und eine andere Pflege benötigen als Rassen, die Eier legen.

Zweinutzungshühner: Diese Rassen liefern sowohl Eier als auch Fleisch. Plymouth Rocks, Wyandotten und New Hampshires sind beliebte Zweinutzungsrassen. Sie sind im Allgemeinen größer, legen aber weniger Eier als reine Legehennen.

Entscheidung zwischen Küken und Junghennen

Ihre Wahl zwischen Küken (Hühnerbabys) und Junghennen (Junghennen) hängt von Ihren Vorlieben ab:

Küken: Wenn Sie Küken aufziehen, können Sie sie von klein auf beim Wachsen beobachten. Allerdings benötigen Küken in den ersten Wochen einen Brutkasten mit bestimmten Temperatur- und Lichtverhältnissen und legen erst nach mehreren Monaten Eier.

Junghennen: Junghennen sind junge Hennen im Alter von etwa 16 bis 20 Wochen, die kurz vor dem Beginn der Eierproduktion stehen. Sie machen einen Brutkasten überflüssig und legen früher Eier, sind aber teurer als Küken.

Passen Sie Ihre Herde Ihren Bedürfnissen an

Berücksichtigen Sie bei der Auswahl Ihrer Herde Ihren Lebensstil, Ihre Ziele und den verfügbaren Platz. Wenn Sie frische Eier möchten und nur wenig Platz haben, sind Legehennen möglicherweise die beste Wahl. Wenn Sie Hühner sowohl für Fleisch als auch für Eier möchten, sind Zweinutzungsrassen eine gute Wahl. Wenn Sie mit Junghennen beginnen, haben Sie schneller Zugang zu frischen Eiern, dies ist jedoch mit höheren Anschaffungskosten verbunden.

Weiterführende Informationen

„Geheimnisse für die erfolgreiche Hühnerhaltung im Garten 2024" bietet detailliertere Informationen zu bestimmten

Rassen, ihrem Temperament, Pflegebedarf und Eierproduktionsraten. Diese Ressource hilft Ihnen bei der Auswahl der besten gefiederten Freunde für Ihren Hühnerstall im Garten.

Denken Sie daran, dass die Planung Ihrer Hühnerherde ein spannender Teil Ihrer Hühnerhaltung ist. Indem Sie Ihren Platz, Ihre Bedürfnisse und Ihre Ressourcen berücksichtigen, können Sie eine blühende und glückliche Hühnerherde aufbauen, die Ihnen jahrelang Freude und frische Eier beschert!

Kapitel drei
Hühnerstallträume: So gestalten Sie Ihren Hühnerstall im Garten

Ihre Hühner im Garten brauchen ein gemütliches, sicheres und praktisches Zuhause. Der Hühnerstall ist das Herzstück Ihrer Hühnerherde, daher ist es wichtig, ihn sorgfältig zu planen und zu gestalten. Diese Anleitung hilft Ihnen dabei, einen Hühnerstall zu bauen, der sowohl hühnerfreundlich als auch leicht zu pflegen ist.

Entwerfen Sie Ihren idealen Hühnerstall

Sicherheit hat Priorität: Ein sicherer Stall ist entscheidend, um Ihre Hühner vor Raubtieren zu schützen. Verwenden Sie robuste Materialien und stellen Sie sicher, dass es keine Lücken oder Schwachstellen gibt, durch die Tiere eindringen könnten. Entscheiden Sie sich für einen Raubtier-sicheren Maschendraht für den Auslauf und vergraben Sie die Unterkante unter der Erde, um das Graben zu verhindern.

Sorgen Sie für ausreichende Belüftung: Hühner produzieren viel Feuchtigkeit, daher ist eine ausreichende Belüftung unerlässlich, um Atemproblemen und

Ammoniakansammlungen vorzubeugen. Integrieren Sie hoch angebrachte Belüftungsöffnungen in die Stallwände, um Zugluft zu vermeiden. Einstellbare Belüftungsöffnungen können Ihnen helfen, den Luftstrom je nach saisonalem Bedarf zu steuern.

Sorgen Sie für ausreichend Platz:
Um Überbelegung zu vermeiden, stellen Sie sicher, dass Ihr Stall genügend Platz für bequeme Bewegung, Ruheplätze und Staubbäder bietet. Planen Sie mindestens 3,75 Quadratmeter pro Huhn im Stall ein. Der Auslauf sollte mindestens 7,5-9,5 Quadratmeter pro Huhn für Bewegung und Futtersuche bieten.

Grundausstattung

Wenn der Entwurf Ihres Hühnerstalls fertig ist, ist es an der Zeit, ihn mit dem Nötigsten für Ihre Hühner auszustatten:

Futtertröge: Wählen Sie Futtertröge mit der richtigen Größe, die das Verschütten minimieren. Hängende Futtertröge oder solche mit Deckel helfen, Abfall zu reduzieren und das Futter sauber zu halten. Stellen Sie separate Futtertröge für Küken oder Junghennen bereit, da diese andere Ernährungsbedürfnisse haben als erwachsene Hennen.

Tränken: Hühner benötigen ständigen Zugang zu frischem, sauberem Wasser. Automatische Tränken sind praktisch, aber es ist ratsam, für den Fall von Störungen Ersatz zu haben. Tränken sollten leicht zu reinigen und nachzufüllen sein und in einer für Ihre Hühner angenehmen Höhe angebracht sein.

Nistkästen: Hühner legen ihre Eier am liebsten an einem abgeschiedenen, bequemen Ort. Stellen Sie für jeweils 3–4 Hühner einen Nistkasten bereit, der mit weicher Einstreu wie Stroh oder Holzspänen gefüllt ist. Stellen Sie ihn in einer ruhigen Ecke des Stalls auf, nicht auf dem Boden.

Weitergehen

„Geheimnisse für die erfolgreiche Hühnerhaltung im Garten 2024: Aktualisiert und erweitert" bietet detaillierte Pläne für Stalldesigns, Belüftungstipps und kreative Nistkastenideen. Diese Ressource führt Sie durch jeden Schritt des Stallbauprozesses und stellt sicher, dass Sie ein funktionales und stilvolles Zuhause für Ihre Hühner schaffen.

Denken Sie daran, dass ein gut konzipierter Hühnerstall eine Investition in die Gesundheit und das Wohlbefinden Ihrer Hühner ist. Indem Sie auf Sicherheit, Belüftung und Platz achten, können Sie einen Hühnerstall bauen, der sowohl für Hühner geeignet als auch leicht zu pflegen ist, sodass Sie noch viele Jahre lang die vielen Vorteile der Hühnerhaltung im eigenen Garten genießen können.

Kapitel Vier
Ein Hühnerparadies schaffen: Auslaufspaß und freie Natur

Um eine ideale Umgebung für Ihre Hühner zu schaffen, müssen Sie Sicherheit und Freiheit in Einklang bringen und dafür sorgen, dass Ihre Herde gedeiht und gleichzeitig sicher ist. Um dies zu erreichen, müssen Sie den Auslauf sorgfältig planen und die Vor- und Nachteile von Freilandhaltung gegenüber beengten Verhältnissen kennen.

Run Fun: Einzäunung und Raubtierschutz

Der Hühnerauslauf ist ein wichtiger Teil ihres Lebensraums und bietet Platz für Bewegung und

Erkundung. Ein geeigneter Zaun ist unerlässlich, um einen sicheren und angenehmen Auslauf zu schaffen. Ein sicherer Zaun sollte mindestens 1,80 m hoch sein, um zu verhindern, dass Hühner darüberfliegen, und um Raubtiere fernzuhalten. Maschendraht ist aufgrund seiner Haltbarkeit und seines besseren Schutzes gegen Raubtiere wie Waschbären, Füchse und Falken Maschendraht vorzuziehen. Wenn Sie den Zaun mindestens 30 cm tief vergraben, verhindern Sie, dass Raubtiere darunter durchgraben.

Neben einem sicheren Zaun ist ein robuster, raubtiersicherer Hühnerstall unerlässlich. Erhöhen Sie den Hühnerstall, um Nagetiere und Schlangen fernzuhalten, und stellen Sie sicher, dass alle Türen und Fenster sicher verschlossen sind. Bewegungsaktivierte Lichter und Alarme können für zusätzliche Sicherheit sorgen. Ein sicherer Rückzugsort für Ihre Hühner verringert das Risiko nächtlicher Raubtiere erheblich.

Verbessern Sie den Auslauf, indem Sie Elemente wie Sitzstangen, Staubbäder und abwechslungsreiches Gelände hinzufügen. Hühner lieben es, an verschiedenen Oberflächen zu scharren und zu picken. Daher können Sand, Erde und Mulch ihre Umgebung anregender gestalten. Schattenstrukturen sind ebenfalls wichtig, um sie vor rauem Wetter zu schützen.

Die freie Natur: Freilandhaltung vs. Eingesperrtsein

Die Entscheidung zwischen Freilandhaltung und Eingesperrthaltung Ihrer Hühner hängt von Faktoren wie Platzverfügbarkeit, lokaler Bedrohung durch Raubtiere und Ihren persönlichen Vorlieben ab.

Freilandhühner haben die Freiheit, ein größeres Gebiet zu erkunden, nach Futter zu suchen und natürliche Verhaltensweisen zu zeigen, was zu gesünderen, glücklicheren Vögeln führen kann. Sie profitieren von einer abwechslungsreichen Ernährung, die die Eierqualität verbessern kann. Freilandhaltung erhöht jedoch auch ihre Gefährdung durch Raubtiere und das Risiko, in gefährliche Gebiete zu geraten. Es erfordert mehr Wachsamkeit, um ihre Sicherheit zu gewährleisten.

Eingesperrte Hühner hingegen sind leichter zu handhaben und zu schützen. Sie fallen seltener

Raubtieren zum Opfer oder gehen weniger verloren. Ein gut gestalteter Auslauf kann immer noch genügend Platz und Anregung bieten, um eingesperrte Hühner zufrieden zu stellen. Allerdings entgehen ihnen möglicherweise die Vorteile einer abwechslungsreicheren Ernährung und eines natürlichen Futtersuchverhaltens.

Um ein Hühnerparadies zu schaffen, müssen Sie die Bedürfnisse Ihrer Hühner verstehen und berücksichtigen. Indem Sie Ihren Hühnern einen sicheren, anregenden Auslauf bieten und die Vor- und Nachteile von Freilandhaltung gegenüber Stallhaltung sorgfältig abwägen, können Sie eine sichere und angenehme Umgebung schaffen, in der Ihre Hühner gedeihen können. Ob sie nun frei herumlaufen oder in einem gut geschützten Auslauf bleiben, der Schlüssel liegt darin, sicherzustellen, dass sie gesund, sicher und glücklich sind.

Teil 2
So bleibt Ihre Herde glücklich und gesund

Kapitel fünf
Herdenfütterung 101
Grundlagen der Hühnerernährung und -tränkung

Die Gesundheit und Produktivität Ihrer Hühner hängt von einer ausgewogenen Ernährung und einer stetigen Versorgung mit sauberem Wasser ab. Um Ihre Hühner gesund zu halten und eine qualitativ hochwertige Eierproduktion zu gewährleisten, ist es wichtig, die Grundlagen der Hühnerernährung zu verstehen, einschließlich handelsüblichem Futter, Nahrungsergänzungsmitteln, Futterresten und Küchenabfällen.

Die Grundlagen der Hühnerernährung

Kommerzielles Futter

Handelsübliches Futter ist der Eckpfeiler der Hühnerernährung und wurde entwickelt, um den Nährstoffbedarf in verschiedenen Lebensphasen zu decken. Starterfutter ist proteinreich, um das Wachstum der Küken zu unterstützen, während Legefutter das für die Eierproduktion ausgewachsener Hennen benötigte Kalzium enthält. Durch die Wahl hochwertiger, ausgewogener Futtermittel stellen Sie sicher, dass Ihre Hühner wichtige Nährstoffe wie Proteine, Vitamine, Mineralien und Aminosäuren erhalten. Für diejenigen, die an natürlicheren Fütterungsoptionen interessiert sind, stehen Bio- und gentechnikfreie Futtermittel zur Verfügung.

Ergänzungen

Nahrungsergänzungsmittel können die Ernährung Ihrer Hühner verbessern, insbesondere wenn sie nicht frei herumlaufen. Grit ist für die Verdauung wichtig, da Hühner ihn verwenden, um Nahrung in ihren Mägen zu zermahlen. Nahrungsergänzungsmittel aus Austernschalen liefern zusätzliches Kalzium für starke Eierschalen. Probiotika und Vitamine können das Immunsystem und die allgemeine Gesundheit stärken, insbesondere während der Mauser oder in Stressphasen.

Kratzen

Kraut ist eine Mischung aus geknackten Körnern wie Mais, Gerste und Weizen, die eher als Leckerbissen denn als Grundnahrungsmittel angeboten wird. Es fördert das natürliche Futtersuchverhalten und sorgt für geistige Anregung und Bewegung. Kraut ist jedoch ernährungsphysiologisch nicht vollständig und sollte nur etwa 10 % der Ernährung ausmachen. Überfütterung mit Kraut kann zu Fettleibigkeit und Nährstoffungleichgewichten führen, daher sollte es am besten in Maßen gegeben werden.

Küchenabfälle

Küchenabfälle können die Ernährung Ihrer Hühner abwechslungsreicher gestalten und Abfall reduzieren. Geeignete Abfälle sind Obst, Gemüse, Getreide und gekochte Hülsenfrüchte. Geben Sie ihnen nichts Verdorbenes, Schimmeliges oder Giftiges wie Avocado, Schokolade oder rohe Bohnen. Führen Sie neue Abfälle nach und nach ein, um ihre Auswirkungen auf die Gesundheit Ihrer Herde zu überwachen und Verdauungsproblemen vorzubeugen.

Wichtige Hinweise zur Bewässerung

Die Bereitstellung von frischem, sauberem Wasser ist ebenso wichtig wie die richtige Fütterung. Hühner können täglich bis zu einem halben Liter Wasser trinken, wobei die Aufnahme bei heißem Wetter höher ist. Dehydrierung kann gesundheitliche Probleme verursachen und die Eierproduktion verringern.

Reinigen Sie Wasserbehälter regelmäßig, um Algen- und Bakterienwachstum zu verhindern. Automatische Tränken sind praktisch und sorgen für eine konstante Wasserversorgung. Platzieren Sie die Tränken in einer Höhe, die eine Verunreinigung durch Schmutz und Einstreu verhindert. Verwenden Sie im Winter beheizte Tränken oder überprüfen Sie regelmäßig, ob das Eis gebrochen ist, damit das Wasser zugänglich bleibt.

Bei heißem Wetter oder in stressigen Zeiten kann die Zugabe von Elektrolyten zum Wasser helfen, den Flüssigkeitshaushalt und die Gesundheit aufrechtzuerhalten. Apfelessig ist ein weiterer nützlicher Zusatz, der die

Darmgesundheit fördert und Algenwachstum in Tränken verhindert.

Ein umfassender Ansatz zur Fütterung und Tränkung Ihrer Hühner ist für ihre Gesundheit und Produktivität unerlässlich. Indem Sie ihren Nährstoffbedarf mit einer ausgewogenen Mischung aus handelsüblichem Futter, Ergänzungsmitteln, Futterresten und Küchenabfällen decken und eine konstante Versorgung mit sauberem Wasser sicherstellen, schaffen Sie eine Umgebung, in der Ihre Hühner gedeihen können. Die richtige Ernährung und Flüssigkeitszufuhr sind der Schlüssel zu einer glücklichen, gesunden Hühnerherde, die Sie mit köstlichen Eiern und lebhafter Gesellschaft belohnt.

Kapitel Sechs
Pflege und Wartung des Hühnerstalls Reinigungsroutinen, Einstreuauswahl und Schutz vor Raubtieren

Die ordnungsgemäße Instandhaltung Ihres Hühnerstalls ist für das Wohlbefinden und die Sicherheit Ihrer Hühner von entscheidender Bedeutung. Dazu gehören regelmäßige Reinigung, Auswahl geeigneter Einstreu und die Umsetzung wirksamer Maßnahmen zur Abschreckung von Raubtieren. Wenn Sie diese Aufgaben im Griff haben, können Sie eine sichere und komfortable Umgebung für Ihre Hühner schaffen.

Reinigungsroutinen

Es ist wichtig, den Stall sauber zu halten, um die Ansammlung schädlicher Bakterien, Milben und Ammoniak aus Hühnerkot zu verhindern. Eine gute Reinigungsroutine umfasst tägliche, wöchentliche und monatliche Aufgaben:

Tägliche Aufgaben: Entfernen Sie sichtbaren Kot aus Nistkästen und um Futter- und Wasserspender herum. Stellen Sie sicher, dass die Wasserversorgung sauber und frisch ist, und füllen Sie sie bei Bedarf auf.

Wöchentliche Aufgaben: Führen Sie wöchentlich eine gründlichere Reinigung durch. Ersetzen Sie die Einstreu in stark frequentierten Bereichen wie Nistkästen und Sitzstangen. Schrubben Sie Futter- und Wasserspender mit warmem Seifenwasser, um Schimmel- und Bakterienbildung vorzubeugen. Überprüfen Sie den Stall auf Anzeichen von Beschädigungen oder Abnutzung, die Raubtiere anlocken oder wetterbedingte Probleme verursachen könnten.

Monatliche Aufgaben: Führen Sie einmal im Monat eine gründliche Reinigung durch. Dazu müssen Sie die gesamte Einstreu entfernen und den Boden, die Wände und die Sitzstangen mit einem für Hühner unbedenklichen Desinfektionsmittel schrubben. Lassen Sie den Stall vollständig trocknen, bevor Sie frische Einstreu hineingeben. Achten Sie regelmäßig auf Anzeichen von Milben oder Läusen und behandeln Sie den Stall und die Hühner bei Bedarf.

Bettwäscheauswahl

Die Auswahl der richtigen Einstreu ist entscheidend für einen sauberen und komfortablen Stall. Übliche Einstreumaterialien sind Stroh, Kiefernspäne und Sand:

Stroh: Stroh ist aufgrund seiner Erschwinglichkeit und Verfügbarkeit beliebt. Es bietet eine gute Isolierung und lässt sich leicht ersetzen. Wenn es jedoch nicht regelmäßig ausgetauscht wird, kann es Milben und Schimmel beherbergen.

Kiefernspäne: Kiefernspäne sind aufgrund ihrer Saugfähigkeit und Geruchskontrolle hervorragend. Sie helfen, den Stall trocken zu halten und sind leicht zu reinigen. Vermeiden

Sie Zedernspäne, da ihr starker Geruch die Atemwege der Hühner schädigen kann.

Sand: Sand wird aufgrund seiner hervorragenden Entwässerung und einfachen Reinigung immer beliebter. Er bietet keinen Schädlingen Unterschlupf und kann gesiebt werden, um Kot zu entfernen, sodass er nicht so oft gewechselt werden muss.

Schutz vor Raubtieren

Um Ihre Herde vor Raubtieren zu schützen, ist eine Kombination aus sicherem Stallbau und sorgfältiger Instandhaltung erforderlich.

Sichere Konstruktion: Stellen Sie sicher, dass der Stall aus stabilen Materialien besteht und keine Lücken größer als ein halber Zoll vorhanden sind. Verwenden Sie Maschendraht statt Maschendraht, da dieser widerstandsfähiger gegen Raubtiere ist. Erhöhen Sie den Stall vom Boden, um grabende Raubtiere vom Zugang abzuhalten.

Schlösser und Riegel: Installieren Sie robuste Schlösser und Riegel an allen Türen und Fenstern. Waschbären sind beispielsweise geschickt darin, einfache Riegel zu öffnen. Vorhängeschlösser oder Karabinerhaken können für zusätzliche Sicherheit sorgen.

Perimeterschutz: Umgeben Sie den Stall mit einem Raubtierschutzzaun, der mindestens 30 cm tief ist, um Graben zu verhindern. Erwägen Sie die Installation eines Elektrozauns für zusätzlichen Schutz.

Laufende Wartung und Überwachung: Überprüfen Sie den Stall und den Zaun regelmäßig auf Anzeichen von Schäden oder Schwachstellen. Halten Sie den Bereich um den Stall sauber und frei von Ablagerungen, die Raubtieren Schutz bieten könnten.

Ein gut gepflegter Stall ist entscheidend für eine gesunde und glückliche Hühnerherde. Indem Sie eine gründliche Reinigungsroutine befolgen, geeignete Einstreu auswählen und robuste Raubtierschutzmaßnahmen ergreifen, können Sie eine sichere, komfortable und hygienische Umgebung für Ihre Hühner schaffen. Diese Praktiken steigern nicht nur das Wohlbefinden Ihrer Vögel, sondern sorgen auch dafür, dass sie produktiv und stressfrei bleiben.

Kapitel 7
So halten Sie Ihre Hühner gesund Häufige Beschwerden, vorbeugende Maßnahmen und grundlegende Erste Hilfe

Damit Ihre Hühner gesund bleiben, ist es wichtig, dass die Herde gesund und produktiv ist. Wenn Sie sich mit häufigen Krankheiten vertraut machen, vorbeugende Maßnahmen ergreifen und grundlegende Erste-Hilfe-Maßnahmen kennen, können Sie sich besser um Ihre Hühner kümmern.

Häufige Gesundheitsprobleme

Hühner können an einer Reihe von Gesundheitsproblemen leiden, darunter Atemwegsinfektionen, Parasiten und Komplikationen bei der Eiablage.

Atemwegsinfektionen: Krankheiten wie infektiöse Bronchitis, Mykoplasmen und Newcastle-Krankheit können Symptome wie Niesen, Husten und Nasenausfluss verursachen. Diese Infektionen können sich schnell in der Herde ausbreiten.

Parasiten: Äußere Parasiten wie Milben und Läuse sowie innere Parasiten wie Würmer können zu geschwächten Hühnern, verminderter Eierproduktion und einem schlechten allgemeinen Gesundheitszustand führen. Zu den Symptomen gehören Federverlust, blasse Kämme und Lethargie.

Komplikationen bei der Eiablage: Probleme wie Legenot, bei der ein Ei im Körper der Henne stecken bleibt, oder ein Aftervorfall, bei dem inneres Gewebe aus dem Körper herausragt, können schwerwiegend sein und erfordern sofortige Aufmerksamkeit.

Vorsichtsmaßnahmen

Um die Herde gesund zu halten, ist vorbeugende Pflege unabdingbar.

Saubere Umgebung: Reinigen Sie den Stall regelmäßig und wechseln Sie die Einstreu, um das Risiko bakterieller und parasitärer Infektionen zu verringern. Sorgen Sie für ausreichende Belüftung, um die Ammoniakbildung durch den Kot zu minimieren.

Ausgewogene Ernährung: Sorgen Sie für eine ausgewogene Ernährung mit geeignetem Handelsfutter, frischem Grünzeug und gelegentlichen Nahrungsergänzungsmitteln. Sorgen Sie immer für Zugang zu sauberem, frischem Wasser.

Routinemäßige Gesundheitschecks: Führen Sie regelmäßige Gesundheitschecks durch, um Probleme frühzeitig zu erkennen. Achten Sie auf Anzeichen von Krankheiten, wie z. B. Veränderungen im Verhalten, Appetit oder Aussehen. Suchen Sie nach äußeren Parasiten und untersuchen Sie den Kot auf innere Parasiten.

Impfungen: Lassen Sie Ihre Herde gegen häufige Krankheiten impfen. Wenden Sie sich an einen Tierarzt, um die für Ihre Region erforderlichen Impfungen zu ermitteln.

Biosicherheitsmaßnahmen:

Beschränken Sie den Kontakt mit anderem Geflügel und Wildtieren, um die Einschleppung von Krankheiten zu verhindern. Halten Sie neue Vögel mindestens zwei Wochen unter Quarantäne, bevor Sie sie in Ihre Herde integrieren.

Grundlegende Erste Hilfe

Grundlegende Erste-Hilfe-Kenntnisse können in Notfällen lebenswichtig sein.

Behandlung kleinerer Verletzungen: Reinigen Sie Schnitte und Abschürfungen mit einer Salzlösung und tragen Sie ein Antiseptikum auf. Halten Sie den verletzten Vogel bis zur Heilung von der Herde fern, um Picken zu verhindern.

Umgang mit Legenot: Legenoten sollten Sie in eine warme, feuchte Umgebung bringen, um ihre Muskeln zu entspannen. Massieren Sie sanft den Bauch. Wenn das Ei nicht innerhalb weniger Stunden abgeht, suchen Sie einen Tierarzt auf.

Umgang mit Prolaps: Bei einem Kloakenvorfall reinigen Sie das hervorstehende Gewebe mit warmem Wasser und tragen ein mildes Antiseptikum auf. Drücken Sie das

Gewebe vorsichtig zurück an seinen Platz und isolieren Sie die Henne, um Picken zu verhindern. In schweren Fällen sollten Sie einen Tierarzt konsultieren.

Behandlung von Atemwegsproblemen: Isolieren Sie Hühner mit Atemwegssymptomen, um die Ausbreitung der Infektion zu verhindern. Sorgen Sie für eine warme, stressfreie Umgebung und konsultieren Sie einen Tierarzt zu geeigneten Antibiotika oder Behandlungen.

Um die Gesundheit Ihrer Hühner zu erhalten, ist ein proaktiver Ansatz erforderlich. Indem Sie häufige Gesundheitsprobleme verstehen, vorbeugende Maßnahmen ergreifen und über grundlegende Erste-Hilfe-Kenntnisse verfügen, können Sie Ihre Herde gesund und produktiv halten. Regelmäßige Überwachung und sofortiges Handeln bei auftretenden Problemen sind der Schlüssel zur Förderung einer florierenden Hühnergemeinschaft.

Kapitel 8
Die wunderbare Welt der Eier: Eier sammeln, lagern, Eierqualität und Farbvariationen verstehen

Eier sind ein beliebtes Grundnahrungsmittel auf der ganzen Welt und werden wegen ihrer Vielseitigkeit und ihres Nährwerts geschätzt. Für Hühnerzüchter kann das Wissen über das Sammeln, Lagern und die Qualitätsbewertung von Eiern sowie Farbunterschiede die Erfahrung und Effizienz bei der Haltung einer Herde erheblich verbessern.

Eier sammeln

Um die beste Qualität und Produktivität zu gewährleisten, ist regelmäßiges Eiersammeln unerlässlich. Wenn Sie die Eier mindestens einmal am Tag, idealerweise morgens, sammeln, bleiben sie sauber und das Risiko von Beschädigungen wird verringert. Diese Vorgehensweise verhindert auch, dass die

Hennen brütig werden und hält Raubtiere oder Verderb fern. Verwenden Sie saubere, trockene Hände oder Handschuhe, um Verunreinigungen beim Sammeln zu minimieren. Überprüfen und reinigen Sie regelmäßig die Nistkästen und entfernen Sie Schmutz oder verschmutzte Einstreu.

Eier lagern

Die richtige Lagerung ist der Schlüssel zur Erhaltung der Frische von Eiern. Lagern Sie die Eier nach dem Sammeln an einem kühlen, trockenen Ort. Kühlung ist optimal, da Eier dadurch bis zu drei Wochen lang frisch bleiben. Wenn keine Kühlung vorhanden ist, kann eine konstant kühle Umgebung wie ein Keller ausreichen. Wenn Sie die Eier in ihrem Karton oder einem speziellen Eierbehälter aufbewahren, schützen Sie sie davor, starke Gerüche und Aromen von anderen Lebensmitteln aufzunehmen. Lagern Sie die Eier mit der Spitze nach unten, um die Integrität der Luftkammer zu erhalten, was zur Erhaltung der Frische beiträgt.

Beurteilung der Eiqualität

Die Qualität der Eier wird von mehreren Faktoren bestimmt, unter anderem von der Beschaffenheit der Schale, der Farbe des Eigelbs und der Konsistenz des Eiweißes.

Zustand der Schale: Eine saubere, intakte Schale weist auf eine gesunde Henne und eine ordnungsgemäße Behandlung hin. Dünne oder rissige Schalen können auf Ernährungsprobleme hinweisen, wie z. B. Kalziummangel.

Farbe des Dotters: Die Farbe des Dotters wird durch die Ernährung der Henne beeinflusst. Ein sattes, tieforanges Dotter ist oft das Ergebnis einer Ernährung mit viel Grünzeug und Insekten, die Xanthophylle und Carotinoide liefern. Helle Dotter kommen häufiger bei Hühnern vor, die hauptsächlich mit kommerziellem Futter gefüttert werden.

Konsistenz des Eiweißes: Frische Eier haben ein dickes, gallertartiges Eiweiß, das seine Form behält, wenn man es aufschlägt. Mit der Zeit wird das Eiweiß flüssiger und verteilt sich, was auf eine verminderte Frische hinweist.

Variationen der Eierfarbe

Die Eierfarbe sorgt für eine reizvolle optische Abwechslung beim Eiersammeln. Hühnereier gibt es in verschiedenen Farben, von weiß und braun bis blau, grün und gesprenkelt. Die Farbe der Eierschale wird von der Hühnerrasse bestimmt und hat keinen Einfluss auf den Geschmack oder den Nährwert des Eies.

Weiße Eier: Weiße Eier werden von Rassen wie Leghorns gelegt und sind in der kommerziellen Eierproduktion weit verbreitet, da diese Hennen eine hohe Legereife haben.

Braune Eier: Braune Eier sind bei Hühnern in Hinterhöfen weit verbreitet und werden von

Rassen wie Rhode Island Reds und Orpingtons gelegt. Die braune Farbe der Schale entsteht durch Pigmente, die sich beim Durchlaufen des Eies durch den Eileiter der Henne ablagern.

Blaue und grüne Eier: Sie werden von Rassen wie Araucanas und Ameraucanas produziert. Der blaue Farbton kommt von dem Pigment Oocyanin, das die Schale durchdringt.

Das Verständnis der Feinheiten der Eierhaltung kann Ihre Erfahrung als Hühnerhalter bereichern. Wenn Sie die Techniken zum Sammeln und Lagern von Eiern beherrschen, hochwertige Eier erkennen und die verschiedenen Farben schätzen, können Sie die Früchte der Bemühungen Ihrer Herde voll auskosten. Egal, ob Sie ein erfahrener Geflügelliebhaber sind oder gerade erst anfangen, diese Erkenntnisse werden Ihnen helfen, das Beste aus Ihrer Eierproduktion herauszuholen.

Teil 3
Über die Grundlagen hinausgehend

Kapitel 9
Umweltfreundlicher Hühnerstall: Kompostierung von Hühnermist, nachhaltige Praktiken und umweltfreundliches Hühnerstalldesign

Die Hühnerhaltung bietet eine hervorragende Gelegenheit, nachhaltige und umweltfreundliche Praktiken umzusetzen. Indem Sie Hühnermist kompostieren, umweltfreundliche Methoden anwenden und einen umweltfreundlichen Stall entwerfen, können Sie Ihre Umweltbelastung verringern und gleichzeitig die Gesundheit und Produktivität Ihrer Herde steigern.

Kompostierung von Hühnermist

Hühnermist ist ein Schatz für jeden Gärtner, denn er ist voller Stickstoff, Phosphor und Kalium. Allerdings muss er richtig kompostiert werden, um Pflanzenschäden zu vermeiden und Krankheitserreger zu beseitigen.

Sammlung: Sammeln Sie Mist aus dem Stall und Auslauf und mischen Sie ihn mit Einstreumaterialien wie Stroh oder Holzspänen. Diese Kombination aus „Grün" (Mist) und „Braun" (Einstreu) ergibt eine ideale Kompostmischung.

Kompostierungsprozess: Bauen Sie einen Komposthaufen in einem gut belüfteten Bereich auf und stellen Sie sicher, dass er mindestens 3 Fuß hoch und breit ist, um die Wärme zu halten. Drehen Sie den Haufen regelmäßig, um ihn zu belüften und feucht zu halten. Der Kompost sollte mindestens 140 °F erreichen, um schädliche Bakterien abzutöten.

Nach 6-12 Monaten wird der Kompost dunkel und krümelig und kann als Gartenerde verwendet werden.

Anwendung: Bringen Sie den fertigen Kompost auf Ihren Gartenbeeten aus und sorgen Sie so für nährstoffreichen Boden, der ein gesundes Pflanzenwachstum unterstützt und den Bedarf an chemischen Düngemitteln reduziert.

Nachhaltige Praktiken

Durch die Einbeziehung nachhaltiger Praktiken in Ihre Hühnerhaltung können Sie den Abfall erheblich reduzieren und eine gesündere Umwelt fördern.

Fütterung: Verwenden Sie Bio- oder gentechnikfreies Futter, um Ihren Hühnern natürliche Zutaten zu bieten. Ergänzen Sie ihre Ernährung mit Küchen- und Gartenabfällen, reduzieren Sie so die Lebensmittelverschwendung und bieten Sie ihnen eine abwechslungsreiche Ernährung.

Wassereinsparung: Sammeln Sie Regenwasser in Fässern, um Ihre Hühner zu tränken. Stellen Sie sicher, dass die Tränken so konstruiert sind, dass Verschütten und Verdunsten minimiert werden.

Integrierte Schädlingsbekämpfung: Entscheiden Sie sich für natürliche Schädlingsbekämpfungsmethoden statt für Chemikalien. Setzen Sie nützliche Insekten wie Marienkäfer ein und pflanzen Sie schädlingsabwehrende Kräuter rund um den Stall.

Umweltfreundliches Hühnerstall-Design

Ein umweltfreundlicher Hühnerstall kommt sowohl der Umwelt als auch den Lebensbedingungen Ihrer Hühner zugute.

Materialien: Bauen Sie den Stall aus nachhaltigen oder recycelten Materialien. Altholz, recyceltes Metall und natürliche Isolierung wie Strohballen sind großartige Optionen.

Energieeffizienz: Maximieren Sie natürliches Licht und Belüftung, um die

Abhängigkeit von künstlicher Beleuchtung und Klimatisierung zu reduzieren. Positionieren Sie den Stall so, dass er im Winter das Sonnenlicht und im Sommer den Schatten nutzt. Erwägen Sie die Anbringung von Solarmodulen zur Stromversorgung der notwendigen elektrischen Komponenten.

Abfallmanagement: Verwenden Sie im Stall die Tiefstreumethode, sodass sich die Einstreu ansammeln und mit der Zeit zersetzen kann. Dies reduziert den Abfall und sorgt in den kälteren Monaten für zusätzliche Wärme. Geben Sie die Einstreu regelmäßig auf Ihren Komposthaufen.

Um umweltfreundliche Methoden in Ihre Hühnerhaltung zu integrieren, müssen Sie Mist kompostieren, nachhaltige Fütterungs- und Tränkmethoden anwenden und einen umweltfreundlichen Stall entwerfen. Diese Schritte schaffen eine harmonische Umgebung, die Ihren Hühnern und dem Planeten zugutekommt. Nachhaltigkeit reduziert nicht nur

Abfall und schont Ressourcen, sondern sorgt auch für eine gesündere, produktivere Herde. Das zeigt, dass umweltfreundliches Leben und erfolgreiche Geflügelhaltung Hand in Hand gehen.

Kapitel 10
Küken aufziehen: Grundlagen der Bruttechnik, Kükenpflege und Integration in die Herde

Die Aufzucht von Küken kann eine erfüllende Aufgabe sein und erfordert sorgfältige Pflege, um sicherzustellen, dass sie zu robusten, produktiven Hennen heranwachsen. Für eine erfolgreiche Geflügelaufzucht ist es unerlässlich, die Einrichtung des Brutkastens, die Pflege der Küken und die Integration in eine bestehende Herde zu beherrschen.

Wesentliche Elemente eines Brutapparates

Ein Brutkasten ist wichtig, um den Küken in ihren ersten Wochen eine warme und sichere Umgebung zu bieten.

Einrichten des Brutkastens: Brutkästen gibt es in vielen verschiedenen Ausführungen, von großen Kartons und Plastikbehältern bis hin zu speziell angefertigten Brutkästen. Sie sollten hohe Wände haben, damit die Küken darin bleiben, und ausreichend belüftet sein, um eine Überhitzung zu vermeiden.

Wärmequelle: Um die Wärme einer Glucke nachzuahmen, benötigen Küken eine gleichmäßige Wärmequelle wie eine Wärmelampe oder eine Brutplatte. Die Temperatur sollte in der ersten Woche bei etwa 35 °C beginnen und jede weitere Woche um 2 °C sinken, bis die Küken nach 6–8 Wochen vollständig gefiedert sind.

Einstreu: Verwenden Sie saugfähige Materialien wie Kiefernspäne oder Stroh, um eine trockene und saubere Umgebung zu gewährleisten. Vermeiden Sie rutschige Oberflächen wie Zeitungen, da diese zu Beinproblemen führen können. Wechseln Sie die

Einstreu regelmäßig, um Hygiene zu gewährleisten.

Futter und Wasser: Geben Sie den Küken Starterfutter, das reich an Proteinen ist, um ihr schnelles Wachstum zu unterstützen. Verwenden Sie flache Tränken, um Ertrinken zu verhindern, und halten Sie das Wasser immer sauber und frisch.

Richtlinien zur Kükenpflege

Für die gesunde Entwicklung der Küken ist die richtige Pflege von entscheidender Bedeutung.

Fütterung: Geben Sie den Küken bis zu einem Alter von etwa 8 Wochen ein hochwertiges Kükenstarterfutter. Aufgrund ihres hohen Stoffwechsels benötigen Küken ständigen Zugang zu Futter und Wasser.

Gesundheitschecks: Untersuchen Sie Küken regelmäßig auf Anzeichen von Krankheiten wie Lethargie, klebrigen Hintern (an der Kloake klebender Kot) oder Atemprobleme. Gehen Sie bei gesundheitlichen Problemen sofort zu einem Tierarzt oder erfahrenen Geflügelhalter.

Sozialisierung: Behandeln und interagieren Sie regelmäßig mit Ihren Küken, um sie an den menschlichen Kontakt zu gewöhnen. Dadurch werden sie gefügiger und sind während des Wachstums leichter zu handhaben.

Integration der Küken in die Herde

Bei der Einführung von Küken in eine bestehende Herde ist eine sorgfältige Planung erforderlich, um einen reibungslosen Übergang zu gewährleisten.

Erste Trennung: Halten Sie die Küken in einem separaten Bereich, wo sie die älteren Vögel sehen und hören können, ohne direkten Kontakt zu haben. Dies hilft beiden Gruppen, sich allmählich aneinander zu gewöhnen.

Beaufsichtigte Einführungen: Beginnen Sie nach einigen Wochen mit beaufsichtigten Interaktionen in einem neutralen Bereich. Überwachen Sie diese Sitzungen genau, um Mobbing zu verhindern und die Sicherheit der Küken zu gewährleisten.

Überlegungen zur Größe: Warten Sie, bis die Küken eine ähnliche Größe wie die erwachsenen Vögel haben, bevor Sie sie vollständig integrieren. Dies minimiert das Verletzungsrisiko durch Picken und trägt dazu bei, eine ausgewogene Hackordnung herzustellen.

Sorgen Sie für Verstecke: Sorgen Sie dafür, dass im Stall und Auslauf genügend Verstecke und Fluchtwege für die jüngeren Vögel vorhanden sind, um aggressives Verhalten älterer Hühner zu vermeiden.

Um Küken erfolgreich aufzuziehen, müssen Sie eine sichere, warme Brutumgebung schaffen, sie aufmerksam pflegen und sie schrittweise in die Herde integrieren. Wenn Sie diese Schritte befolgen, können Sie sicherstellen, dass Ihre Küken zu gesunden, produktiven Mitgliedern Ihrer Geflügelgemeinschaft heranwachsen, was zu einer zusammenhängenden und gedeihenden Herde führt.

Kapitel 11
Wintersorgen? So halten Sie Ihre Hühner in den kälteren Monaten warm und glücklich

Wenn der Winter naht, ist es wichtig, dem Komfort und Wohlbefinden Ihrer Hühner höchste Priorität einzuräumen. Obwohl Hühner im Allgemeinen robust sind, benötigen sie in den kälteren Monaten besondere Pflege, um gesund und produktiv zu bleiben. Hier sind einige wichtige Strategien, um es Ihrer Herde den ganzen Winter über gemütlich zu machen.

Den Hühnerstall vorbereiten

Um Ihre Hühner vor der Kälte zu schützen, ist es wichtig, den Stall richtig vorzubereiten.

Isolierung: Isolierung ist der Schlüssel, um die Wärme im Stall zu halten. Erwägen Sie die Verwendung von Strohballen außen und Schaumstoff-Dämmplatten innen. Stellen Sie sicher, dass der Stall zugfrei ist, aber ausreichend belüftet wird, um Feuchtigkeitsansammlungen zu vermeiden, die zu Atemproblemen führen können.

Einstreu: Verwenden Sie die Tiefstreumethode, um die Wärme zu erhalten. Beginnen Sie mit einer dicken Schicht Kiefernspäne oder Stroh und fügen Sie regelmäßig frische Schichten hinzu. Die zerfallende Einstreu erzeugt Wärme und sorgt für einen natürlichen Wärmeeffekt.

Fenster und Türen: Dichten Sie Fenster und Türen richtig ab, um kalte Luft draußen zu halten. Öffnen Sie die Fenster tagsüber kurz zum Lüften, schließen Sie sie jedoch vor Einbruch der Dunkelheit, um die Wärme zu bewahren.

Heizoptionen

Hühner vertragen zwar Kälte, bei extrem niedrigen Temperaturen ist jedoch möglicherweise eine zusätzliche Heizung erforderlich.

Wärmelampen: Wenn Sie Wärmelampen verwenden, achten Sie darauf, dass diese sicher befestigt sind, um das Brandrisiko zu minimieren. Rote Wärmelampen sind vorzuziehen, da sie den Schlafrhythmus der Hühner weniger stören.

Beheizte Sitzstangen: Beheizte Sitzstangen können beim Sitzen direkte Wärme spenden. Sie sind besonders in kleineren Ställen nützlich, in denen Heizgeräte nicht möglich sind.

Heizungen und Brutkästen: In extrem kalten Klimazonen sollten Sie sichere Stallheizungen oder Brutkästen mit niedriger Wattzahl in Betracht ziehen. Halten Sie sich immer an die Herstellerrichtlinien, um Unfälle zu vermeiden.

Ernährung und Flüssigkeitszufuhr

Im Winter ist es wichtig, ausreichend Ernährung und Flüssigkeit aufrechtzuerhalten, damit Hühner Körperwärme erzeugen können.

Energiereiches Futter: Erhöhen Sie den Protein- und Fettgehalt in ihrer Ernährung. Das Anbieten von gerissenem Mais oder Talg kann zusätzliche Energie liefern. Stellen Sie sicher, dass sie Zugang zu Legefutter und zusätzlichem Getreide haben, um ihre Energie aufrechtzuerhalten.

Wasser: Verhindern Sie das Einfrieren des Wassers, indem Sie beheizte Tränken verwenden oder das Wasser regelmäßig wechseln. Eine ausreichende Flüssigkeitszufuhr ist für die Verdauung und die Aufrechterhaltung der Körpertemperatur entscheidend.

Außenaktivität

Hühner müssen auch im Winter nach draußen, um sich zu bewegen und geistig gefordert zu werden.

Geschützte Ausläufe: Decken Sie einen Teil des Auslaufs ab, um ihn vor Schnee und Wind zu schützen. Verwenden Sie Planen, durchsichtige Kunststoffplatten oder alte Fenster, um Windschutz zu schaffen und dafür zu sorgen, dass das Sonnenlicht den Bereich erwärmt.

Laufwege: Räumen Sie den Auslauf vom Schnee frei und legen Sie Laufwege aus Stroh oder Holzspänen an. Das ermutigt die Hühner, sich nach draußen zu wagen und hält ihre Füße trocken und warm.

Regelmäßige Kontrolle und Pflege

Schauen Sie regelmäßig nach Ihren Hühnern, um sicherzustellen, dass sie die Kälte gut überstehen.

Gesundheitschecks: Achten Sie auf Anzeichen von Erfrierungen, insbesondere an Kämmen und Kehllappen. Das Auftragen von Vaseline kann vor Erfrierungen schützen.

Verhaltensbeobachtungen: Achten Sie auf Anzeichen von Stress oder Krankheit, wie Lethargie, verringerte Eierproduktion oder Appetitveränderungen. Beheben Sie alle Probleme umgehend, um eine Verschlimmerung zu verhindern.

Damit Ihre Hühner im Winter warm und glücklich bleiben, müssen Sie den Stall richtig vorbereiten, Heizlösungen verwenden, die

Ernährung verbessern und regelmäßig überwachen. Mit diesen Maßnahmen können Sie dafür sorgen, dass Ihre Hühner während der kalten Monate gesund und zufrieden sind und im Frühling gut gedeihen. Diese Maßnahmen schützen nicht nur ihr Wohlbefinden, sondern unterstützen auch die weitere Eierproduktion und eine harmonische Hühnerherde.

Kapitel 12
Häufig gestellte Fragen zur Hühnerhaltung im Garten: Eiernative Antworten auf häufig gestellte Fragen

Hühner im eigenen Garten zu halten ist ein lohnendes Hobby, kann aber viele Fragen aufwerfen, insbesondere für Anfänger. Hier finden Sie Antworten auf einige der am häufigsten gestellten Fragen, damit Sie richtig anfangen und Ihre Hühner gesund und glücklich halten können.

1. Mit wie vielen Hühnern sollte ich beginnen?

Für Anfänger ist es ideal, mit 3 bis 6 Hühnern zu beginnen. Diese Anzahl ist leicht zu handhaben und bietet genug Eier für eine kleine Familie. Hühner sind soziale Wesen, daher hilft ihnen die Haltung einiger Hühner dabei, eine natürliche Hackordnung zu etablieren, was zu ihrem allgemeinen Glück beiträgt.

2. Welche Rasse soll ich auswählen?

Die Wahl Ihrer Rasse sollte Ihren Zielen entsprechen. Für die Eierproduktion kommen Rassen wie Leghorns, Rhode Island Reds und Australorps in Frage. Für Zweinutzungsrassen, die sowohl Eier als auch Fleisch liefern, eignen sich Orpingtons oder Plymouth Rocks hervorragend. Wenn Sie freundliche, haustierähnliche Hühner möchten, sollten Sie sich Silkies oder Buff Orpingtons ansehen.

3. Wie viel Platz brauchen Hühner?

Jedes Huhn benötigt mindestens 2–3 Quadratmeter Stallfläche und 8–10 Quadratmeter Auslauffläche. Ausreichend Platz verhindert Überbelegung, die zu Stress, Federpicken und Krankheiten führen kann. Es ist wichtig, genügend Platz zum Schlafen, Nisten und Futtersuchen bereitzustellen.

4. Was sollten Hühner essen?

Hühner brauchen eine ausgewogene Ernährung, einschließlich handelsüblichem Futter, das ihren Nährstoffbedarf deckt. Legehennenfutter ist am besten für Legehennen geeignet, während Mastfutter für Jungvögel geeignet ist. Sie mögen auch Küchenabfälle, Grünzeug und Körner. Geben Sie immer Grit zur Unterstützung der

Verdauung und Austernschalen für Kalzium, insbesondere für Legehennen.

5. Wie oft legen Hühner Eier?

Die meisten Hühner beginnen im Alter von etwa 5–6 Monaten, Eier zu legen. Normalerweise legt eine gesunde Henne alle 24–26 Stunden ein Ei, obwohl dies je nach Rasse und Alter variieren kann. Die Eierproduktion kann im Winter aufgrund von weniger Tageslicht und während der Mauser, wenn die Hühner ihre alten Federn ersetzen, zurückgehen.

6. Ist ein Hahn notwendig, damit Hühner Eier legen können?

Nein, Hühner brauchen keinen Hahn, um Eier zu legen. Hähne werden nur benötigt, wenn Sie befruchtete Eier zum Ausbrüten haben möchten.

Auch ohne Hahn legen Hühner unbefruchtete Eier, die sich ideal zum Verzehr eignen.

7. Wie kann ich meine Hühner vor Raubtieren schützen?

Die Sicherung Ihres Hühnerstalls und Auslaufs ist unerlässlich. Verwenden Sie Maschendraht statt Maschendraht, da dieser haltbarer und sicherer ist. Stellen Sie sicher, dass der Hühnerstall gut gebaut ist und keine Lücken oder Schwachstellen aufweist. Schließen Sie nachts Türen und Fenster ab und vergraben Sie Zäune mindestens 30 cm tief in der Erde, um grabende Raubtiere abzuhalten.

8. Wie pflege ich Hühner im Winter?

Hühner vertragen kaltes Wetter, wenn ihr Stall trocken und zugfrei ist. Verwenden Sie tiefe Einstreu für zusätzliche Wärme und stellen Sie viel frisches Wasser bereit. Achten Sie darauf, dass es nicht gefriert. Erhöhen Sie die Futtermenge leicht, damit die Hühner Körperwärme erzeugen können, und achten Sie auf Erfrierungen an Kämmen und Kehllappen.

9. Können Hühner in städtischen Gebieten gehalten werden?

In vielen städtischen Gebieten sind Hühner im Hinterhof erlaubt, aber die Vorschriften variieren. Informieren Sie sich in Ihren örtlichen Verordnungen über spezifische Regeln bezüglich der zulässigen Hühnerzahl, Stallanforderungen und Lärmschutzbestimmungen. Die Hühnerhaltung in der Stadt bietet frische Eier und eine Möglichkeit, Küchenabfälle auf natürliche Weise zu entsorgen.

10. Was soll ich tun, wenn mein Huhn krank wird?

Isolieren Sie das kranke Huhn, um eine Ausbreitung der Krankheit zu verhindern, und konsultieren Sie einen Tierarzt mit Erfahrung in der Geflügelhaltung. Häufige Anzeichen einer Krankheit sind Lethargie, Appetitlosigkeit, abnormaler Kot und Atemprobleme. Schnelle Pflege und Aufmerksamkeit können Ihrem Huhn helfen, sich zu erholen.

Die Aufzucht von Hühnern im eigenen Garten erfordert einiges an Lernaufwand, aber mit diesen Antworten auf häufig gestellte Fragen sind Sie gut gerüstet, um eine glückliche, gesunde Hühnerherde zu halten und sich über eine stetige Versorgung mit frischen Eiern zu freuen. Egal, ob Sie gerade erst anfangen oder bereits ein erfahrener Hühnerhalter sind, das Verständnis dieser Grundlagen kann Ihnen dabei helfen, eine erfolgreiche und angenehme Hühnerhaltung zu gewährleisten.

Teil 4:
Bonus!

Kapitel 13
Mehr als nur Eier: Verarbeitung von Geflügelfleisch für den Eigenverbrauch (Grundlagen der Metzgerei, rechtliche Aspekte)

Die Hühnerzucht für Fleisch ist eine praktische und lohnende Möglichkeit, Ihre Familie mit frischem, selbst gezüchtetem Geflügel zu versorgen. Es ist wichtig, die Grundlagen des Schlachtens und die relevanten rechtlichen Aspekte zu verstehen, um einen humanen, effizienten Prozess unter Einhaltung der Vorschriften zu gewährleisten.

Grundlagen der Metzgerei

Die Verarbeitung von Masthähnchen zu Hause erfordert eine sorgfältige Vorbereitung und einen respektvollen Umgang mit den Tieren.

Vorbereitung

Fasten: Geben Sie den Hühnern 12 bis 24 Stunden vor der Verarbeitung kein Futter, um ihren Verdauungstrakt zu reinigen. Stellen Sie sicher, dass sie Zugang zu Wasser haben, um hydriert zu bleiben.

Ausrüstung: Besorgen Sie sich die notwendigen Werkzeuge wie ein scharfes Messer, einen Tötungskegel oder ein Rückhaltegerät, einen Brühtopf, Rupfwerkzeuge (entweder eine mechanische Rupfmaschine oder manuelle Rupfwerkzeuge) und einen sauberen Arbeitsplatz mit Tischen und Eimern zur Abfallentsorgung.

Verarbeitungsschritte

1. **Humane Schlachtung: Verwenden Sie einen Tötungskegel, um den Vogel ruhigzustellen und Stress und Verletzungen zu minimieren. Führen Sie einen schnellen, sauberen Schnitt durch die Halsschlagadern und Jugularvenen,** um einen schnellen, humanen Tod zu erreichen und den Vogel vollständig verbluten zu lassen.

2. **Brühen und Rupfen:** Tauchen Sie den Vogel 30–60 Sekunden lang in 63–65 °C heißes Wasser, um die Federn zu lösen und das

Rupfen zu erleichtern. Entfernen Sie die Federn mit einem mechanischen Rupfer oder von Hand.

3. Ausnehmen: Machen Sie einen kleinen Schnitt an der Afterwand und entfernen Sie vorsichtig die inneren Organe. Achten Sie dabei darauf, die Därme nicht zu durchstechen. Bewahren Sie essbare Organe wie Herz, Leber und Magen auf und entsorgen oder kompostieren Sie den Rest des Abfalls.

4. Kühlen: Kühlen Sie den Kadaver sofort in Eiswasser, um seine Temperatur zu senken und Bakterienwachstum zu verhindern. Lassen Sie den Vogel mindestens 30 Minuten im Eisbad und legen Sie ihn dann zur Lagerung in einen Kühlschrank oder Gefrierschrank.

Rechtlichen Erwägungen

Bei der Verarbeitung von Hühnern für den Eigenverbrauch ist es wichtig, die örtlichen, staatlichen und bundesstaatlichen Vorschriften zu verstehen und einzuhalten.

Lokale und staatliche Vorschriften

Flächennutzungsgesetze: Überprüfen Sie die örtlichen Flächennutzungsverordnungen, um sicherzustellen, dass die Verarbeitung von Geflügel zu Hause in Ihrer Gegend zulässig ist. In einigen Wohngebieten gelten möglicherweise Beschränkungen für die Schlachtung von Tieren.

Gesundheits- und Sicherheitsvorschriften: Halten Sie sich an die staatlichen Richtlinien für Hygiene und Abfallentsorgung. Verwenden Sie einen sauberen, dafür vorgesehenen Bereich für die Verarbeitung und entsorgen Sie

Abfallmaterialien ordnungsgemäß, um die Gesundheitsvorschriften einzuhalten.

Bundesvorschriften

Ausnahmen: Das USDA gewährt Ausnahmen für kleine Geflügelproduzenten, die Vögel für den Eigenbedarf oder den Direktverkauf an Verbraucher verarbeiten. Beispielsweise erlaubt die „1.000-Vögel-Ausnahme" den Produzenten, bis zu 1.000 Vögel pro Jahr ohne USDA-Inspektion zu verarbeiten, sofern das Fleisch direkt an Verbraucher und nicht über kommerzielle Kanäle verkauft wird.

Kennzeichnung: Achten Sie beim Verkauf von verarbeitetem Geflügel auf eine ordnungsgemäße Kennzeichnung, die den Namen und die Adresse des Herstellers sowie eine Erklärung zur Befreiung von der USDA-Inspektion enthält.

Die Verarbeitung von Geflügelfleisch zu Hause erfordert eine Mischung aus Geschick, Respekt vor den Tieren und Einhaltung gesetzlicher

Vorschriften. Wenn Sie die Grundlagen des Schlachtens beherrschen und die Vorschriften für die Verarbeitung zu Hause verstehen, können Sie Ihre Familie mit hochwertigem, selbst gezüchtetem Geflügel versorgen und gleichzeitig einen humanen und effizienten Prozess gewährleisten. Dieser nachhaltige Ansatz zur Fleischproduktion fördert die Selbstversorgung und vertieft Ihre Verbindung zu den Lebensmitteln, die Sie konsumieren.

Kapitel 14

Aufbau einer Hühner-Community im Hinterhof: Lokale Clubs, Online-Ressourcen und die Freuden des Teilens Ihrer Herde

Hühner im eigenen Garten zu halten kann ein erfüllendes Hobby sein, und wenn man die Erfahrung mit anderen teilt, macht es noch mehr Spaß. Wenn Sie rund um Ihre Hühner eine Community aufbauen, etwa über lokale Vereine, Online-Ressourcen und Social Sharing, können Sie Ihr Wissen erweitern, Unterstützung bieten und die Freude an der Hühnerhaltung verbreiten.

Lokale Clubs

Durch den Beitritt zu einem örtlichen Hühnerclub können Sie mit anderen Geflügelliebhabern in Kontakt kommen.

Vernetzung und Unterstützung: Lokale Vereine bieten eine Plattform für den Austausch von Wissen, Erfahrungen und Ratschlägen. Egal, ob Sie neu in der Hühnerhaltung sind oder ein erfahrener Profi, Sie können Einblicke in bewährte Praktiken gewinnen, häufige Probleme lösen und neue Ideen entdecken.

Veranstaltungen und Treffen: Clubs veranstalten oft Events wie Farmführungen, Hühnertausch und Workshops. Diese Treffen bieten die Möglichkeit, verschiedene Einrichtungen zu sehen, von Experten zu lernen und manchmal Vögel und Zubehör zu tauschen oder zu kaufen.

Gemeinschaftsprojekte: Die Teilnahme an Initiativen wie Schulprogrammen, Gemeinschaftsgärten und lokalen Messen kann nachhaltiges Leben und die Vorteile von Hühnern im eigenen Garten fördern. Diese Projekte tragen dazu bei, ein Gemeinschaftsgefühl und gemeinsame Ziele zu fördern.

Internetquellen

Das Internet bietet eine Fülle von Informationen und Unterstützung für die Hühnerhaltung im eigenen Garten.

Foren und Social-Media-Gruppen: Websites wie Backyard Chickens, Reddit und Facebook bieten zahlreiche Gruppen und Foren, in denen Sie Fragen stellen, Geschichten austauschen und Ratschläge zu allen möglichen Themen finden können, von der Gestaltung des Hühnerstalls bis hin zu Gesundheitsfragen. Diese Communities sind aktiv und reaktionsschnell und bieten Hilfe in Echtzeit.

Lehrreiche Websites und Blogs: Websites wie The Chicken Chick, Fresh Eggs Daily und die Website des USDA bieten umfassende Leitfäden, Artikel und Anleitungsvideos zu allen Aspekten der Hühnerhaltung. Diese Ressourcen sind sowohl für Anfänger als auch für erfahrene Hühnerhalter von unschätzbarem Wert.

YouTube-Kanäle: Kanäle, die sich der Geflügelzucht widmen, wie Justin Rhodes, Living Traditions Homestead und Gold Shaw Farm, bieten visuelle und praktische Anleitungen. Wenn Sie erfahrenen Geflügelhaltern zuschauen, können Sie neue Techniken erlernen und sich von ihren Einrichtungen inspirieren lassen.

Die Freuden des Teilens Ihrer Herde

Es bereitet Ihnen besondere Freude und ist erfüllend, Ihre Erfahrungen als Hühnerhalter mit anderen zu teilen.

Bildung und Inspiration: Wenn Sie Freunde, Familie und Nachbarn einladen, Ihre Herde zu besuchen, kann dies sie dazu inspirieren, ihr eigenes Hühnerabenteuer im Hinterhof zu beginnen. Sie können Ihr Wissen über nachhaltiges Leben, Tierpflege und die Vorteile frischer Eier weitergeben.

Gemeinschaftssinn: Wenn Sie informelle Zusammenkünfte oder Potluck-Abendessen veranstalten, bei denen Sie Gerichte aus Ihren frischen Eiern zubereiten, entsteht ein Gemeinschaftsgefühl. Wenn Sie die Produkte Ihrer Herde mit Ihren Nachbarn teilen, verbreiten Sie nicht nur Wohlwollen, sondern zeigen auch, wie lohnend es ist, Hühner zu halten.

Teilen in sozialen Medien: Wenn Sie Ihre Erfahrungen als Hühnerhalter auf sozialen Medien wie Instagram, YouTube oder einem persönlichen Blog dokumentieren, können Sie ein breiteres Publikum erreichen. Durch das Teilen von Fotos, Videos und Geschichten können Sie eine Gefolgschaft von Gleichgesinnten aufbauen und eine Plattform für den Austausch von Ideen und Unterstützung bieten.

Der Aufbau einer Community rund um die Hühnerhaltung in Hinterhofhaltung durch lokale Clubs, Online-Ressourcen und Social Sharing bereichert die Erfahrung der Hühnerhaltung. Diese Verbindungen bieten unschätzbare Unterstützung, fördern den Gemeinschaftsgeist und fördern die Freuden eines nachhaltigen Lebens. Indem Sie sich mit anderen austauschen, die Ihre Leidenschaft teilen, erweitern Sie Ihr Wissen und tragen zu einer wachsenden

Bewegung von Liebhabern der Hühnerhaltung in Hinterhofhaltung bei.

Abschluss

Hühner im eigenen Garten zu halten ist mehr als nur ein Zeitvertreib; es ist ein vielseitiges Unterfangen, das das Leben bereichert, Nachhaltigkeit fördert und Gemeinschaftsbindungen stärkt. Von der Einrichtung eines Brutkastens und der Pflege der Küken bis hin zur Verarbeitung von Masthühnern und der Zusammenarbeit mit lokalen Hühnergemeinschaften bietet jeder Aspekt der Geflügelhaltung besondere Belohnungen und Herausforderungen.

Beginnen wir mit den Grundlagen: Die Aufzucht von Küken erfordert sorgfältige Aufmerksamkeit bei der Einrichtung des Brutkastens, der Temperaturregulierung und der richtigen Ernährung. Wenn die Küken heranwachsen, muss ihre Umsiedlung in einen Außenstall und ihre Integration in eine bestehende Herde sorgfältig erfolgen, um eine friedliche Umgebung zu gewährleisten. Regelmäßige Stallpflege, einschließlich konsequenter

Reinigung und geeigneter Einstreuauswahl, trägt dazu bei, einen gesunden Lebensraum zu erhalten und häufigen Gesundheitsproblemen vorzubeugen.

Der Winter bringt besondere Herausforderungen mit sich, aber mit einer angemessenen Stallisolierung, Heizlösungen und verbesserter Ernährung können Hühner auch bei kaltem Wetter gedeihen. Die Einführung nachhaltiger Praktiken wie die Kompostierung von Hühnermist und der Bau umweltfreundlicher Ställe kommt Ihrer Herde zugute und wirkt sich positiv auf die Umwelt aus. Diese Bemühungen unterstreichen die Bedeutung der Abfallminimierung und der Förderung eines autarken Lebensstils.

Wer Hühner für die Fleischproduktion züchtet, sollte die Grundlagen des Schlachtens verstehen und die örtlichen und bundesstaatlichen Vorschriften einhalten, um einen humanen und legalen Prozess sicherzustellen. Die richtige

Ausrüstung, humane Schlachttechniken und Kenntnisse der USDA-Ausnahmerichtlinien ermöglichen es Hobbyzüchtern, ihr Geflügel effizient und ethisch zu verarbeiten. Dieser Aspekt der Hühnerhaltung beleuchtet den gesamten Zyklus von der Eierproduktion bis zur Fleischverarbeitung.

Die Gründung einer Hühnergemeinschaft im eigenen Garten bereichert das Erlebnis erheblich. Lokale Vereine bieten Vernetzungsmöglichkeiten, Unterstützung und Bildungsressourcen, während Online-Foren, Blogs und YouTube-Kanäle eine Fülle von Informationen und virtueller Kameradschaft bieten. Wenn Sie Ihre Erfahrungen in sozialen Medien oder bei lokalen Veranstaltungen teilen, verbreiten Sie die Freude an der Hühnerhaltung und inspirieren andere, ihre eigenen Geflügelabenteuer zu beginnen.

Die Eierproduktion ist ein wesentlicher Vorteil der Hühnerhaltung. Kenntnisse über das Sammeln und Lagern von Eiern sowie das

Erkennen von Qualitäts- und Farbunterschieden tragen zu den praktischen Freuden dieses Unterfangens bei. Frische Eier aus Ihrer Herde sind nicht nur eine köstliche Belohnung, sondern auch ein Beweis für Ihre Sorgfalt und Ihr Engagement.

Zusammenfassend lässt sich sagen, dass die Hühnerhaltung im eigenen Garten eine äußerst lohnende Tätigkeit ist, die Tierpflege, Nachhaltigkeit und gesellschaftliches Engagement vereint. Indem Sie verschiedene Aspekte der Geflügelhaltung meistern – von der Aufzucht der Küken über die Verarbeitung von Masthühnern bis hin zur Winterpflege und dem Aufbau von Gemeinschaften – schaffen Sie eine ganzheitliche und erfüllende Erfahrung. Ob motiviert durch den Wunsch nach frischen Eiern, nachhaltigem Leben oder der einfachen Freude an der Pflege von Tieren – Hühnerhaltung im eigenen Garten bietet endlose Möglichkeiten zum Lernen und Wachsen. Diese Reise bereichert Ihr eigenes Leben und trägt zu einer breiteren Bewegung hin zu einem bewussten, vernetzten und umweltbewussten Leben bei.

www.ingramcontent.com/pod-product-compliance
Lightning Source LLC
Chambersburg PA
CBHW072051230526
45479CB00010B/677